O NASCIMENTO DA HUMANIDADE

O nascimento da humanidade
Texto © Judith Nuria Maida, 2022
Ilustrações © Fernando Vilela, 2022

Presidência Mario Ghio Júnior
Vice-presidência de educação digital Camila Montero Vaz Cardoso
Direção editorial Lidiane Vivaldini Olo
Gerência editorial Julio Cesar Augustus de Paula Santos
Coordenação editorial Laura Vecchioli do Prado
Aprendizagem digital Renata Galdino (ger.), Beatriz de Almeida Pinto Rodrigues da Costa (coord. Experiência de Aprendizagem), Carla Isabel Ferreira Reis (coord. Produção Multimídia), Daniella dos Santos Di Nubila (coord. Produção Digital), Rogerio Fabio Alves (coord. Publicação), Vanessa Tavares Menezes de Souza (coord. Design Digital)
Pesquisa temática Marina Sousa Maida
Planejamento, controle de produção e indicadores Flávio Matuguma (ger.), Juliana Batista (coord.) e Jayne Ruas (analista)
Iconografia e tratamento de imagem Roberta Bento (ger.), Iron Mantovanello, Thaisi Lima (pesquisa iconográfica) e Fernanda Crevin (tratamento de imagens)
Revisão Marília Bellio
Ilustração e projeto gráfico Fernando Vilela
Diagramação Anna Júlia Medeiros Martins (estagiária)

Dados Internacionais de Catalogação na Publicação (CIP)
(Câmara Brasileira do Livro, SP, Brasil)

Maida, Judith Nuria
 O nascimento da humanidade/ Judith Nuria Maida e Fernando Vilela — 1. ed. — São Paulo : Ática, 2022.

ISBN 978-65-5739-028-3

1. Literatura infantojuvenil 2. Civilização — História — Literatura infantojuvenil 3. Homem — Origem — Literatura infantojuvenil I. Título II. Vilela, Fernando

22 — 29298   CDD 028.5

Angélica Ilacqua — Bibliotecária — CRB-8/7057

CL: 525823
CAE: 775723
ISBN: 9786557390283
Cód. da OP: 261196

2025
1.ª edição
3.ª impressão

Impressão e acabamento
Forma Certa Gráfica Digital

Direitos desta edição cedidos à Somos Sistemas de Ensino S.A.
Av. Paulista, 901, Bela Vista - São Paulo - SP - CEP 01310-200
Tel.: (0xx11) 4003-3061
Conheça o nosso portal de literatura Coletivo Leitor: www.coletivoleitor.com.br

O NASCIMENTO DA HUMANIDADE

JUDITH NURIA MAIDA E FERNANDO VILELA

editora ática

Que meus descendentes, Camillo,
Manuela e Valentina, e minha irmã,
Marina, possam contar histórias de
nossos ancestrais.

Judith Nuria Maida

Aos meus pais Paulo Celso e Maria Célia
e aos ancestrais que vieram antes deles e
que seguem no meu corpo.

Fernando Vilela

APRESENTAÇÃO
WALTER NEVES

Como eram nossos ancestrais? Como poderá evoluir a humanidade? São perguntas que fazemos e que intrigam pessoas de todas as idades, culturas e tempos.

Neste livro, Judith e Fernando fazem uma viagem para os primórdios da humanidade, através de uma narrativa poética e artística sem perder o rigor científico. Desenhos em carvão que expressam a relação homem/mundo e nos falam das formas e sentidos que os humanos dão às suas necessidades, técnicas, crenças, sonhos e medos. Com uma linguagem leve e harmônica, os versos levam a um mergulho no que há de mais primitivo em nós, um convite para nos conectarmos com nossa mais profunda ancestralidade.

Como nos tornamos humanos?

Todos os seres vivos existentes na Terra originaram-se, por um processo evolutivo natural, de um ser unicelular que viveu há cerca de 3,5 bilhões de anos, um pouco após o surgimento de nosso planeta, há 4,5 bilhões de anos. Nosso caso não foi diferente. Nós também descendemos desse ser primordial unicelular. Nossa linhagem evolutiva, a dos hominínios, começou a se diferenciar muito, mas muito tempo depois, por volta de 7 milhões de anos atrás, portanto, uma nesga no tempo evolutivo.

O que primeiro caracteriza nossa linhagem é a bipedia, ou seja, o andar sobre apenas duas pernas e em posição ereta. Isso nos diferencia de macacos quadrúpedes que nos precederam e que ainda coabitam conosco. Isso mesmo, o homem descende de um grande macaco que viveu há cerca de 8 milhões de anos. Na verdade, o homem é um grande macaco.

Apesar de termos algumas características que são somente nossas, compartilhamos com os demais primatas (macacos e monos) dezenas de características anatômicas, fisiológicas e comportamentais. O mais importante é que após mais de 150 anos de pesquisas, os paleoantropólogos – especialistas em evolução humana – como eu, geraram fósseis que preenchem todo o intervalo que vai do macaco quadrúpede que nos deu origem até o surgimento de nossa espécie, o *Homo sapiens*, por volta de 200 mil anos atrás.

Temos a grande maioria dos fósseis transicionais necessários para demonstrar que nós, inquestionavelmente, viemos do macaco, passo a passo. Os primeiros representantes de nossa linhagem eram verdadeiros chimpanzés em pé. Aliás, o chimpanzé é nosso parente mais próximo na natureza. Repartimos com ele pelo menos 98% de nossos genes. Isso não significa que viemos dos chimpanzés. Nós e eles repartimos um ancestral comum que deve ter vivido na África entre 8 e 7 milhões de anos.

Desse ancestral comum saiu, por um lado, a linhagem evolutiva dos chimpanzés. Por outro, nossa linhagem. Assim, é importante salientar que se nós evoluímos 7 milhões de anos a partir desse ancestral comum, os chimpanzés de hoje também o fizeram.

Walter Neves é um dos mais importantes cientistas brasileiros, antropólogo e arqueólogo, responsável, entre outras coisas, pelo estudo de Luzia, o esqueleto humano mais antigo do continente americano e também pela inscrição rupestre mais antiga desse continente. Fundou o Laboratório de Estudos Evolutivos Humanos, cuja principal linha de pesquisa é a questão da chegada do homem ao continente americano. É fundador e coordenador sênior do Instituto de Estudos Avançados da USP, onde criou o Núcleo de Popularização dos Conhecimentos sobre Evolução Humana. Se dedica com afinco à divulgação de ciência, sobretudo naquilo que se refere à evolução da linhagem humana.

Pare para pensar
e me responda em uma linha.
O que veio antes:
o ovo ou a galinha?

Foi o ovo de outro bicho
que viveu lá no passado:
um ancestral da galinha,
que deixou o seu legado.

Quem somos nós, de onde viemos?
Não são pensamentos a esmo.
Nós passamos toda a vida
procurando por nós mesmos.

Duvido que nunca teve
curiosidade de saber:
como é que os outros viveram
antes de você nascer?

Nos sonhos e em nosso corpo
há impressões digitais
daqueles que aqui viveram
bem antes dos nossos pais.

Quem habitou a Terra antes
de aqui você ter chegado?
Foi seu parente bem distante.
Ancestral é um antepassado.

Pense na sua família
e imagine até onde vai
esta linha interminável:
a fila dos seus ancestrais.

Você conhece sua avó?
E o pai dela, seu bisavô?
E o avô do seu avô?
Que é seu tataravô.

E a avó da tataravó?
Que é sua tatataravó!
O avô dela é seu
tatatataravô.

Será que consegue contar
há quanto tempo viveu
alguém muito antigo?
Ninguém ainda resolveu!

1 mãe →

A pré-história tem história
que por nós não foi escrita,
por que é feita da memória
das experiências vividas.

Para conhecer seus ancestrais
é preciso voltar no tempo.
Andar descalço, dançar pelado
Lembrar o cheiro, sentir o vento.

Você sabe responder
como aqui viemos parar,
se no passado a África
era o nosso lugar?

Saiba que aquele continente
um grande seio se tornou,
amamentou todo mundo
que o planeta povoou.

Eu, você e o seu vizinho,
todos viemos de lá.
Somos todos parentes
e não podemos negar.

Hoje, nós humanos,
na Terra somos únicos.
Mas sabemos que no passado
como nós havia múltiplos.

Diferentes tipos de humanos
viveram em vários lugares
e conviveram ao mesmo tempo
usando belos colares.

Se você voltar no tempo,
nas cavernas vai encontrar
desenhos misteriosos
e pistas para desvendar.

Lá podemos descobrir
um mundo desconhecido,
há muito tempo ali viveram
uns animais bem sabidos.

Nas paredes estão gravadas
marcas de tempos passados,
nas pinturas rupestres
encontramos vários recados.

Obras de arte feitas com sopros,
pinturas e riscados
com terra, carvão, gordura,
em traços arrojados.

Milhares de anos atrás,
na beira dos rios e nos altiplanos,
viviam os que nos precederam.
Nas florestas do leste africano,
tinham jeito de macaco
e esperteza de humano.

Corriam entre as árvores,
coletavam frutas em arbustos,
caçavam bichos no mato
com seus corpos bem robustos.

Sempre estavam viajando,
grandes distâncias percorriam,
em pequenos grupos de humanos
muitos lugares conheciam.

Sobrevivendo a cada dia festejavam por estar vivos. Viver significava comer e também não ser comido.

De noite olhavam pro céu,
muitas coisas compreendiam.
Se o verão logo ia embora,
sabiam que voltaria.

Tudo o que eles viviam
ganhava significado.
A natureza para eles
era algo bem sagrado.

Viver era um desafio,
passavam medo e emoção.
Para garantir a comida
precisavam de determinação.
Dá pra viver a vida
sem ter organização?

No dia a dia a gente se acostuma
com o sol em uma manhã
e a chuva que chega outro dia.
Se o clima mudasse radicalmente
já pensou como seria?

Durante muito tempo
eles viveram na floresta quente.
Quando a vida parecia calma,
sempre algo surpreendia essa gente.

Quando chegou a era do gelo
o grande rio congelou,
precisavam de peles e couro
porque o clima na Terra esfriou.

Ao longo do tempo
viram o ambiente se transformar
e às mudanças climáticas,
precisaram se adaptar.

Outros bichos existiam.
Você gostaria de ver
um tigre dente de sabre
logo ao amanhecer?

Para sua proteção
disputavam com os animais
cavernas para viver,
grutas e outros locais.

Como eram habilidosos,
pedras sabiam lascar.
Fabricando ferramentas,
modificaram seu lugar.

Vestindo casacos de couro,
andavam com lanças na mão.
Enfeitados com colares de conchas
sobreviveram por um tempão!

Fugindo dos animais
estavam sempre atentos.
Para se vencer o frio
as cavernas eram um alento.

Esquenta pra cá, esfria pra lá
dificultando a existência.
Há milhares de anos o clima
ameaçou a sobrevivência.

O ser humano inventa
para conseguir o que quer,
faz com que qualquer coisa
deixe de ser uma coisa qualquer.

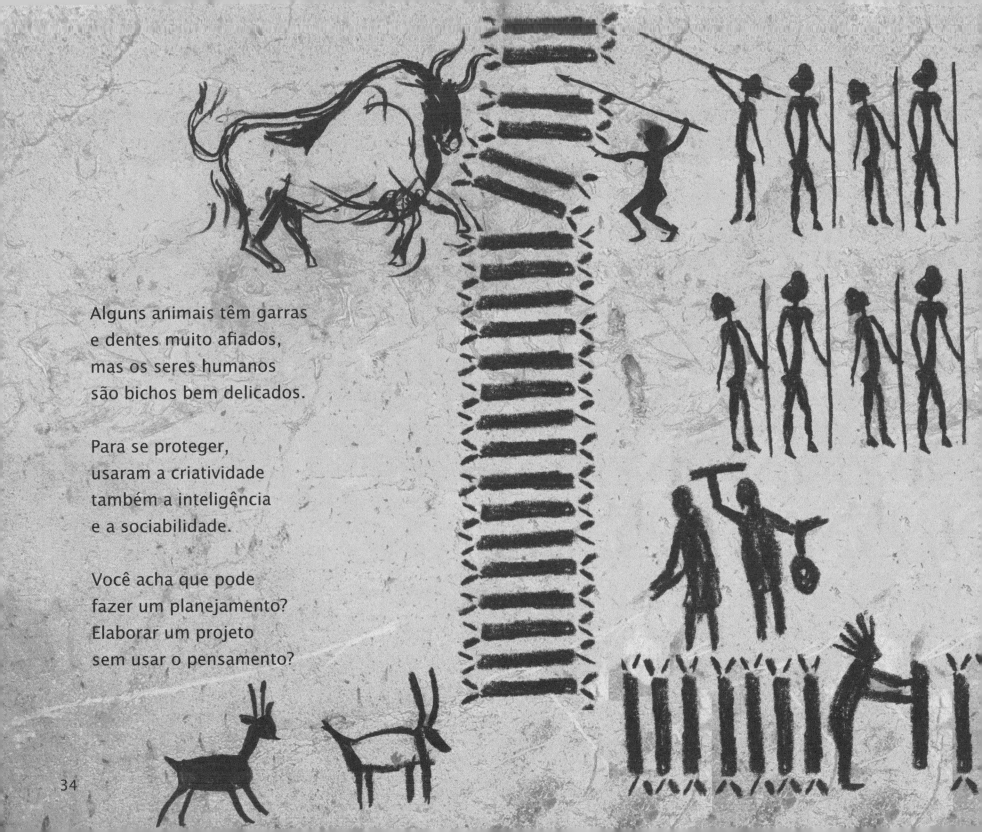

Alguns animais têm garras
e dentes muito afiados,
mas os seres humanos
são bichos bem delicados.

Para se proteger,
usaram a criatividade
também a inteligência
e a sociabilidade.

Você acha que pode
fazer um planejamento?
Elaborar um projeto
sem usar o pensamento?

Esfregando pedras com pedras
uma faísca apareceu.
Foi uma revolução
quando o fogo acendeu.

Acenderam a chama,
afastaram as feras,
a carne ficou macia
e a noite ficou bela.

Acredite, essa gente
com a tocha na mão
iluminou os caminhos,
clareou a escuridão.

Se juntavam ao redor do fogo
enquanto faziam comidas.
Dividiam o dia a dia
e alegravam as suas vidas.

Os velhos e os jovens
compartilhavam memórias.
Trocavam ensinamentos
e contavam histórias.

Na história perdeu o lugar
quem não usou a consciência.
Os que souberam se virar
garantiram a existência.

Usou sua inteligência,
garantiu a evolução.
Enfrentou mil desafios
procurando a adaptação.

Nós mudamos o mundo
por caminhos e bifurcações.
A cada passo deixamos marcas
para as próximas gerações.

Somos herdeiros da evolução.
Nossa compreensão apenas começa.
O passado é um quebra-cabeça,
precisamos montar as peças.

Hoje tem gente de todo jeito,
no mundo todos são parentes.
Somos muito parecidos
mesmo sendo diferentes.

Cada um com sua cultura.
Eu a minha, você a sua.
A verdade é que nós somos
todos uma grande mistura.

O ser humano pergunta
sobre o que há por perto.
Mas sua única certeza
é que o mundo é incerto.

O que torna você humano?
Estudar a realidade?
Saber fazer perguntas?
Buscar novas verdades?

Eu pergunto pra vocês,
o que é a humanidade?
Se olhem agora no espelho.
Qual a nossa identidade?

Com a soma dos saberes,
da mente e do coração,
a continuação da História
está bem nas nossas mãos.

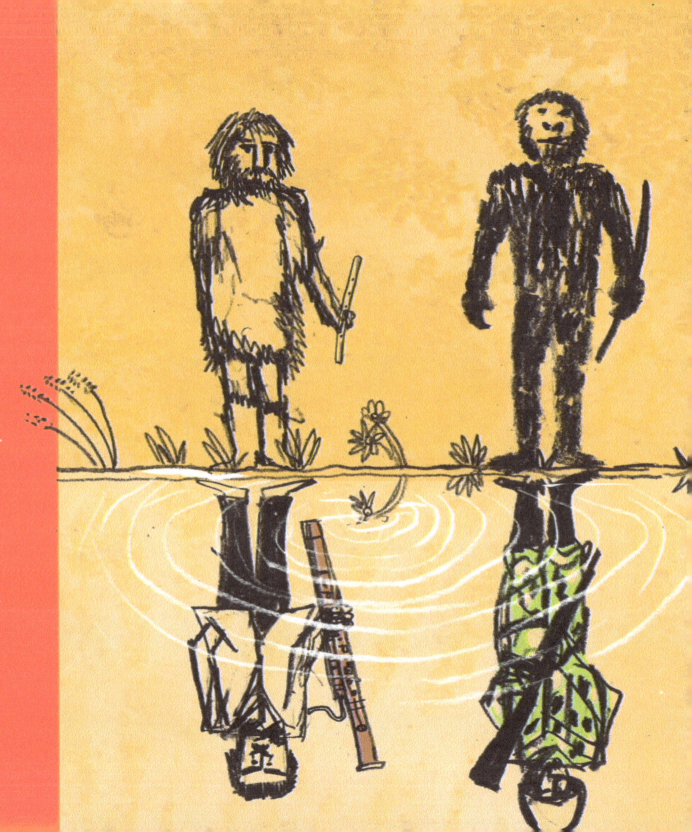

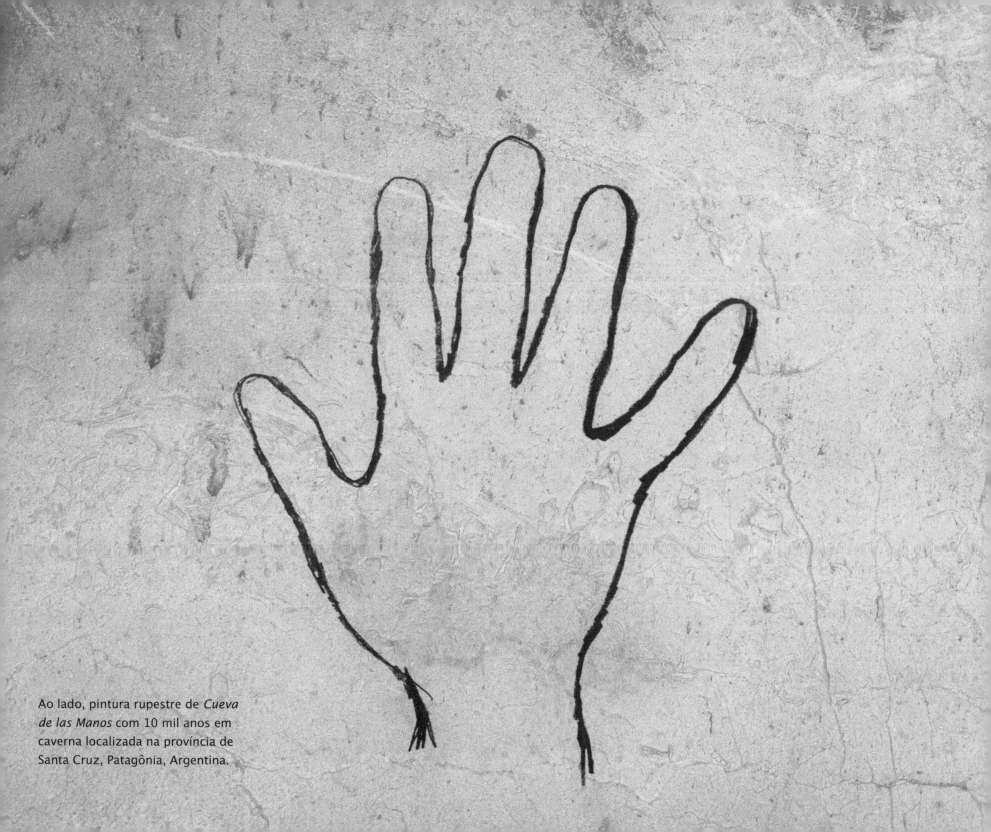

Ao lado, pintura rupestre de *Cueva de las Manos* com 10 mil anos em caverna localizada na província de Santa Cruz, Patagônia, Argentina.

SOBRE OS AUTORES

Judith Nuria Maida e **Fernando Vilela** nasceram no mesmo ano, em 1973, são amigos desde os tempos de escola e já publicaram juntos o livro *O nascimento do Universo*, em 2009, ano internacional da Astronomia pela UNESCO, que recebeu como prêmio o selo FNILJ – Leitura Altamente Recomendável em 2010.

Judith nasceu na Patagônia Argentina e mudou-se ainda criança para São Paulo, com a família. Desde pequena gostava de ler e escrever poesia e sempre foi apaixonada por ciências. Perguntas como: "de onde viemos?" e "o que é ser uma humana?" sempre a intrigaram. Formou--se em Geografia pela Universidade de São Paulo e fez pós-graduação em Educação na Espanha. Visitou museus de ciências e sítios arqueológicos observando fósseis e pinturas rupestres, que acabaram por inspirar este livro.

Fernando nasceu em São Paulo e desde pequeno gosta de escrever histórias e de desenhar. Graduou-se em Artes Visuais pela Unicamp e fez mestrado em Artes pela Universidade de São Paulo. Fernando é autor e ilustrador de livros premiados, já ganhou dois prêmios Jabuti e a menção novos horizontes na Feira do Livro Infantil de Bolonha. Publicou em 14 países e possui obras em importantes museus, como na Pinacoteca do Estado de São Paulo e no MoMA de Nova York. Conheça seus trabalhos no site **www.fernandovilela.com.br.**

SOBRE O LIVRO

Algumas ilustrações deste livro foram inspiradas em pinturas rupestres da Serra da Capivara (Piauí, Brasil), – como a imagem da contracapa – e das cavernas de Lascaux (França) e de Altamira (Espanha). As ilustrações das páginas 20 e 21 foram inspiradas em uma famosa pintura rupestre da caverna de Chauvet, com 40 mil anos, localizada no Sul da França. Essa expressiva pintura gráfica mostra cabeças de cavalos que parecem ser tridimensionais. Esses desenhos vibravam ainda mais quando eram iluminados pela chama trêmula das tochas, o que gerava a impressão de estarem em movimento.

O perfil dos hominídios foi inspirado no busto reconstruído a partir do crânio de Luzia (Lagoa Santa, MG) que se encontra no Museu Nacional (Rio de Janeiro, RJ). Na página 30, fazemos menção à escultura Vênus de Willendorf, uma estatueta esculpida há 24 mil anos, encontrada na Áustria e exposta atualmente no Museu de História Natural de Viena.

Além das referências visuais, Fernando Vilela, para fazer as ilustrações, utilizou os mesmos materiais que os pintores das cavernas utilizaram, como tintas a base de terra, carvão, entre outros riscadores naturais, como galhos. Para o fundo das ilustrações foram utilizadas fotografias de paredes de cavernas. Os desenhos e os fundos foram montados digitalmente.